CADERNO DE ATIVIDADES

5

Organizadora: Editora Moderna
Obra coletiva concebida, desenvolvida
e produzida pela Editora Moderna.

Editor Executivo:
Cesar Brumini Dellore

NOME: ....

....TURMA: ....

ESCOLA: ....

....

1ª edição

Elaboração de originais:

Maíra Fernandes
Bacharel e licenciada em Geografia pela Universidade de São Paulo.
Mestrado em planejamento territorial pela Universidade
de São Paulo. Professora da rede particular.

Coordenação editorial: César Brumini Dellore
Edição de texto: Ofício do Texto Projetos Editoriais
Assistência editorial: Ofício do Texto Projetos Editoriais
Gerência de *design* e produção gráfica: Everson de Paula
Coordenação de produção: Patricia Costa
Suporte administrativo editorial: Maria de Lourdes Rodrigues
Coordenação de *design* e projetos visuais: Marta Cerqueira Leite
Projeto gráfico: Adriano Moreno Barbosa, Daniel Messias, Mariza de Souza Porto
Capa: Bruno Tonel
Ilustração: Raul Aguiar
Coordenação de arte: Wilson Gazzoni Agostinho
Edição de arte: Teclas Editorial
Editoração eletrônica: Teclas Editorial
Coordenação de revisão: Elaine Cristina del Nero
Revisão: Ofício do Texto Projetos Editoriais
Coordenação de pesquisa iconográfica: Luciano Baneza Gabarron
Pesquisa iconográfica: Ofício do Texto Projetos Editoriais
Coordenação de *bureau*: Rubens M. Rodrigues
Tratamento de imagens: Fernando Bertolo, Joel Aparecido, Luiz Carlos Costa, Marina M. Buzzinaro
Pré-impressão: Alexandre Petreca, Everton L. de Oliveira, Marcio H. Kamoto, Vitória Sousa
Coordenação de produção industrial: Wendell Monteiro
Impressão e acabamento: HRosa Gráfica e Editora
Lote: 287968

Dados Internacionais de Catalogação na Publicação (CIP)
(Câmara Brasileira do Livro, SP, Brasil)

Buriti plus geografia : caderno de atividades / organizadora Editora Moderna ; obra coletiva concebida, desenvolvida e produzida pela Editora Moderna ; editor executivo Cesar Brumini Dellore. – 1. ed. – São Paulo : Moderna, 2019. – (Projeto Buriti)

Obra em 4 v. para alunos do 2º ao 5º ano.

1. Geografia (Ensino fundamental) I. Dellore, Cesar Brumini. II. Série.

19-23376 CDD-372.891

Índices para catálogo sistemático:
1. Geografia : Ensino fundamental 372.891

Maria Alice Ferreira — Bibliotecária — CRB-8/7964

ISBN 978-85-16-11753-5 (LA)
ISBN 978-85-16-11754-2 (LP)

EDITORA MODERNA LTDA.
Rua Padre Adelino, 758 – Belenzinho
São Paulo – SP – Brasil – CEP 03303-904
Vendas e Atendimento: Tel. (0_ _11) 2602-5510
Fax (0_ _11) 2790-1501
www.moderna.com.br
2020
Impresso no Brasil

1 3 5 7 9 10 8 6 4 2

Apresentação

Fizemos este *Caderno de Atividades* para que você tenha a oportunidade de reforçar ainda mais seus conhecimentos em Geografia.

No início de cada unidade, na seção **Lembretes**, há um resumo do conteúdo explorado nas atividades, que aparecem em seguida.

As atividades são variadas e distribuídas em quatro unidades, planejadas para auxiliá-lo a aprofundar o aprendizado.

Bom trabalho!

Os editores

IVAN COUTINHO

Sumário

GERALDO GOMES/ OPÇÃO BRASIL IMAGENS

Cidade de Ouro Preto, estado de Minas Gerais, 2016.

UNIDADE 1 A dinâmica populacional brasileira

Lembretes

Quantos somos e onde vivemos

- **Densidade demográfica** é a medida que expressa o número de habitantes por quilômetro quadrado (hab./km^2).
- O Brasil é um país **populoso**, mas pouco **povoado**, e a população brasileira não se distribui de forma regular pelo território.
  - → As regiões Sudeste e Sul são as de maior densidade demográfica do Brasil.
  - → A Região Norte tem a menor densidade demográfica do país.
- **Crescimento natural** ou **vegetativo** é a diferença entre a taxa de natalidade e a taxa de mortalidade.
  - → A **taxa de natalidade** indica o número de nascidos vivos para cada grupo de mil habitantes de um país.
  - → A **taxa de mortalidade** indica o número de mortes para cada grupo de mil habitantes de um país.
- **Saldo de migrações internacionais** é a diferença entre a quantidade de imigrantes e a de emigrantes do país.
  - → As pessoas que saem de seu país de origem para viver em outro são chamadas de **emigrantes**.
  - → As pessoas que fixam residência em um país que não é o seu de origem são chamadas de **imigrantes**.
- A **taxa de crescimento da população** brasileira começou a diminuir a partir da década de 1960.
- A diminuição acentuada da **taxa de natalidade** contribuiu para a queda da taxa de crescimento da população no Brasil.
- A queda da **taxa de natalidade** pode ser justificada pela diminuição da **taxa de fecundidade**.

RENATO MENDES/BRAZIL PHOTO PRESS/AFP

Imigrantes haitianos hospedados e em atividade em um abrigo no bairro do Glicério, São Paulo (SP), em 2015.

- **Taxa de fecundidade** é o número médio de filhos por mulher.
  - → O **aumento da escolaridade e da participação da mulher no mercado de trabalho** e o **planejamento familiar** são fatores que contribuíram para a redução da taxa de fecundidade no Brasil.
- O aumento significativo da quantidade de adultos e idosos registrado nos últimos anos indica que a **população brasileira está envelhecendo**.
  - → A **queda da taxa de natalidade** e o **aumento da expectativa de vida** contribuíram para o **envelhecimento da população brasileira**.

Movimentos migratórios

- **Fluxos migratórios** são os movimentos de **emigração** e **imigração** entre diferentes territórios.
  - → Dificuldades econômicas estão entre os principais fatores que motivam os fluxos migratórios.
- **Refugiados** são pessoas que deixam sua terra natal para escapar de guerras e perseguições políticas, étnicas ou religiosas em busca de segurança em outros países.
- **Migrações externas** ocorrem quando a população migra de um país para outro. Elas se subdividem em emigrações e imigrações.
- Parte da população brasileira é formada por descendentes de imigrantes de diversos países do mundo, como Itália, Portugal, Espanha, Alemanha, Japão, Turquia e Síria.
- Muitos estrangeiros do Haiti, Bolívia, China, Paraguai, Moçambique, Síria e Angola migram atualmente para o Brasil em busca de trabalho e melhores condições de vida.
- Todos os anos, milhares de brasileiros emigram em busca de melhores oportunidades de emprego e de educação.
- **Migrações internas** ocorrem quando as pessoas migram de um lugar para outro dentro do próprio país.
- **Migrações de retorno** designam o fluxo de migrantes que voltam para sua terra natal.

O Brasil e suas diferenças sociais

- A **distribuição desigual da renda** contribui para as desigualdades sociais existentes no Brasil.
- A **desigualdade social** ocorre em todo o Brasil e se manifesta de maneira mais ou menos intensa em cada lugar.
- A **condição de vida** das pessoas está relacionada ao desenvolvimento do local onde elas vivem.
- A renda, o acesso aos serviços de saneamento básico, a taxa de mortalidade infantil, a escolaridade e a esperança de vida ao nascer são **indicadores sociais** usados para avaliar as condições de vida da população.
- O índice de **Gini** é utilizado para medir a desigualdade de renda.
  - → Quanto mais próximo de zero é o valor do índice de Gini, menor é a desigualdade de renda.
  - → Quanto mais próximo de 1 é o valor do índice de Gini, maior é a desigualdade de renda.
- Em geral, a população negra do Brasil sofre mais com as consequências da desigualdade social, em relação ao restante da população.
  - → A origem dessa desigualdade étnica e social está relacionada à formação histórica da sociedade brasileira.
- Muitos descendentes de países africanos enfrentam dificuldades provenientes da **discriminação racial** existente no Brasil.
- As **condições desiguais de vida** enfrentadas pela população negra no Brasil são observadas por meio de **diversos indicadores sociais**.
  - → As pesquisas revelam que os negros enfrentam mais barreiras para continuar os estudos, em relação aos brancos.
  - → A **taxa de desemprego** entre a população negra apresenta índices mais críticos em relação à população branca.
  - → Em geral, nas cidades brasileiras, a população negra enfrenta mais obstáculos para conseguir acesso à rede de coleta de esgoto, do que a branca.

Atividades

1 Por que é possível afirmar que o Brasil é um país populoso, mas pouco povoado?

____

____

____

____

2 Observe os dados da tabela e responda às questões.

Cidade	População (estimativa em 2018)	Área (km^2)	Densidade demográfica (hab./km^2)
Belo Horizonte (MG)	2501576	331,40	7549
Sorocaba (SP)	671186	450,38	1490
Manaus (AM)	2145444	11401,09	188
Brasília (DF)	2974703	5779,99	515
Feira de Santana (BA)	609913	1304,42	468

Fonte: IBGE. *Cidades*. Disponível em: <https://cidades.ibge.gov.br/>. Acesso em: 13 fev. 2019.

a) Entre as cidades da tabela, qual era a mais populosa em 2018? E qual era a menos populosa?

____

____

b) Entre as cidades da tabela, em 2018, qual era a mais povoada? E qual era a menos povoada?

____

____

c) Pesquise qual foi a estimativa da população absoluta e da densidade demográfica na cidade onde você vive em 2018.

____

3 Observe o mapa e assinale a alternativa correta.

Brasil: densidade demográfica (2010)

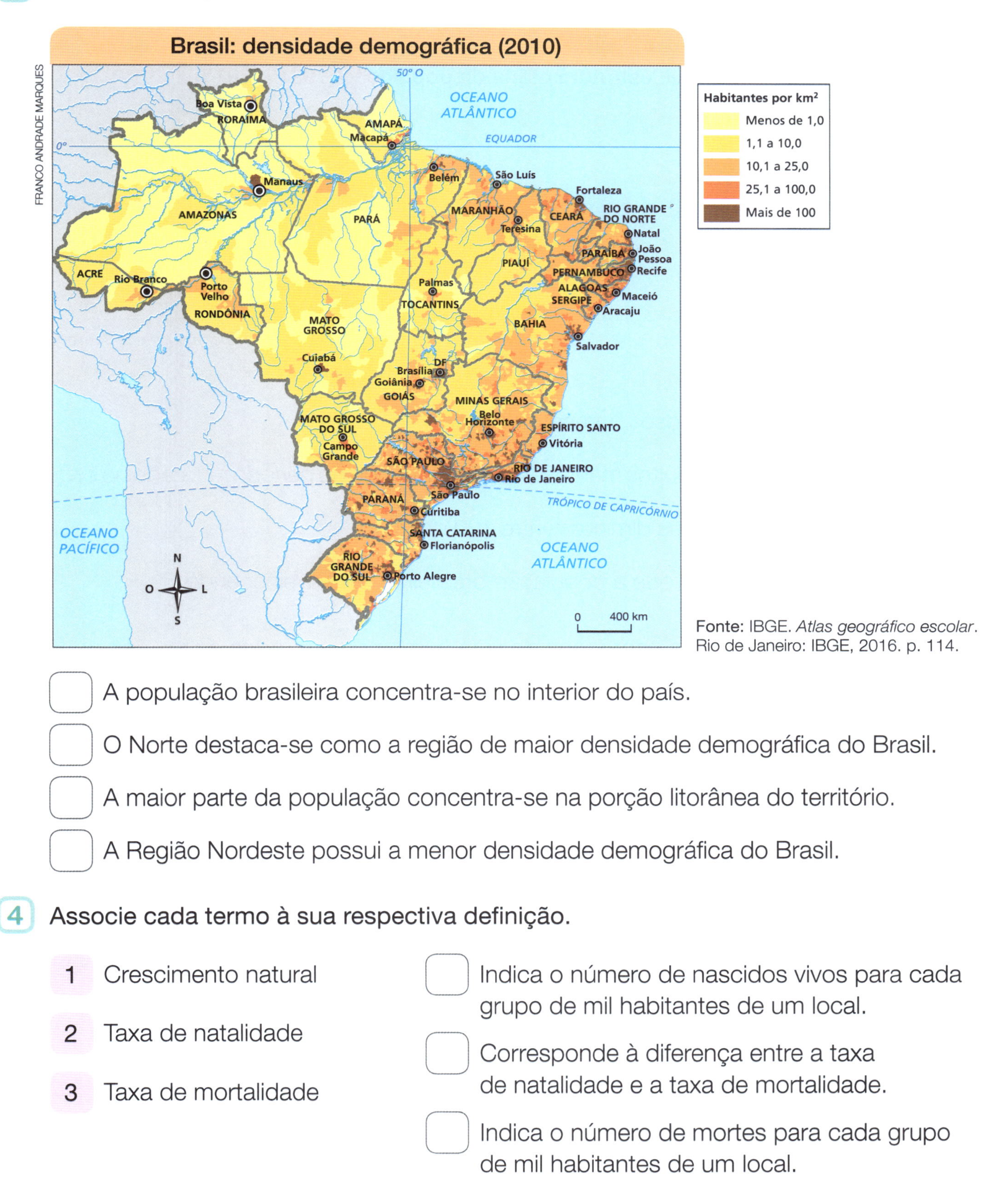

Fonte: IBGE. *Atlas geográfico escolar*. Rio de Janeiro: IBGE, 2016. p. 114.

- [ ] A população brasileira concentra-se no interior do país.
- [ ] O Norte destaca-se como a região de maior densidade demográfica do Brasil.
- [ ] A maior parte da população concentra-se na porção litorânea do território.
- [ ] A Região Nordeste possui a menor densidade demográfica do Brasil.

4 Associe cada termo à sua respectiva definição.

1 Crescimento natural

2 Taxa de natalidade

3 Taxa de mortalidade

- [ ] Indica o número de nascidos vivos para cada grupo de mil habitantes de um local.
- [ ] Corresponde à diferença entre a taxa de natalidade e a taxa de mortalidade.
- [ ] Indica o número de mortes para cada grupo de mil habitantes de um local.

5 Assinale a alternativa incorreta sobre as informações representadas no esquema abaixo.

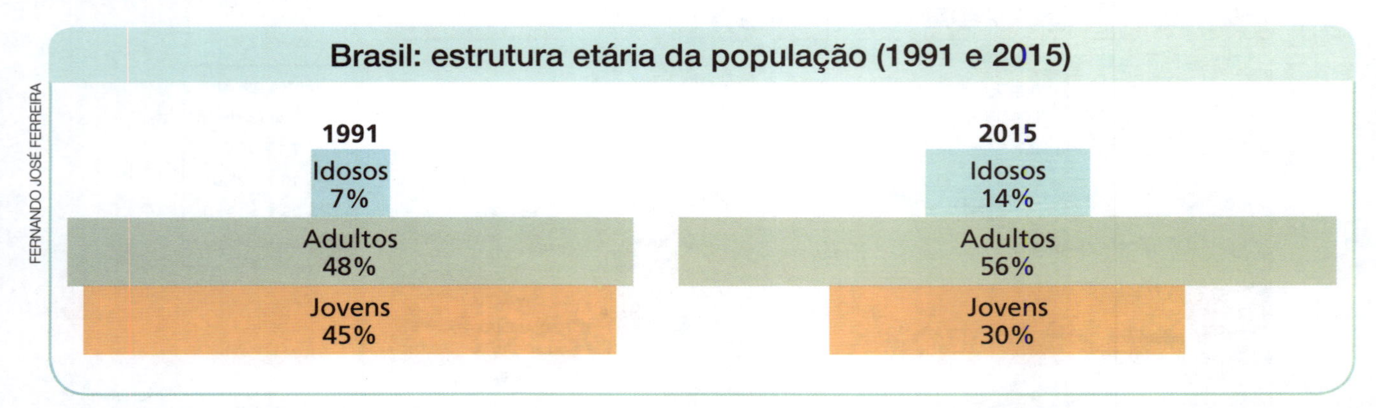

Fontes: IBGE. *Anuário estatístico do Brasil 2000*. Rio de Janeiro: IBGE, 2002; IBGE. *Pesquisa por amostra de domicílios 2015*. Rio de Janeiro: IBGE, 2016.

- [ ] A proporção de idosos aumentou entre 1991 e 2015.
- [ ] O percentual de adultos manteve-se igual ao longo do período retratado no esquema.
- [ ] O número de jovens diminuiu entre 1991 e 2015.
- [ ] O esquema revela que a população brasileira está envelhecendo.

6 **Nas últimas décadas, a esperança de vida aumentou em todas as regiões do Brasil. Associe os dados da tabela à legenda do mapa e pinte-o de acordo com as cores e os intervalos indicados na legenda.**

Região	Esperança de vida (anos) (2016)
Norte	74,01
Nordeste	72,73
Centro-Oeste	75,97
Sudeste	76,39
Sul	76,88

Fonte: IBGE. *Coordenação de População e Indicadores Sociais*. Disponível em: <https://ww2.ibge.gov.br/home/presidencia/noticias/imprensa/ppts/0000000243.pdf>. Acesso em: 13 fev. 2019.

Fonte: IBGE. *Atlas geográfico escolar*. Rio de Janeiro: IBGE, 2016.

7 Leia o texto a seguir e faça o que se pede.

O Brasil como opção

O terremoto que atingiu o Haiti em janeiro de 2010 e praticamente destruiu a precária infraestrutura existente no país foi um motivo a mais para a migração de haitianos. Com um bom cenário econômico na época, o Brasil [...] também atraiu haitianos que migram em busca de melhores condições de vida. As obras feitas para a Copa do Mundo de 2014 e para a Olimpíada de 2016, por exemplo, serviam como atrativo para haitianos e outros imigrantes, embora não tenha existido uma política governamental para atrair imigrantes de qualquer nacionalidade.

Rodrigo Borges Delfim. Presença haitiana ajudou a transformar o debate sobre migrações no Brasil. *Fundação Heinrich Böll*, 31 jul. 2017. Disponível em: <https://br.boell.org/pt-br/2017/07/31/presenca-haitiana-ajudou-transformar-o-debate-sobre-migracoes-no-brasil>. Acesso em: 13 fev. 2019.

a) Sublinhe o trecho do texto que apresenta um importante motivo para o fluxo migratório de haitianos a partir de 2010.

b) De acordo com o texto, qual fator atraiu haitianos para o Brasil?

____

____

____

8 Encontre no diagrama a seguir as principais nacionalidades de imigrantes que chegaram ao Brasil entre 1884 e 1939.

I	L	F	O	C	M	D	G	P	B	H	C	E	K	T	J	D	Y	I	S	S
T	X	S	I	Y	M	Z	G	O	E	D	A	Z	J	E	U	J	X	V	P	I
A	A	S	V	X	X	A	X	R	G	H	O	Z	W	I	T	A	M	S	H	R
L	M	M	C	U	Y	A	B	T	K	E	T	T	S	Q	X	P	W	L	U	I
I	V	Z	H	X	A	O	T	U	R	C	O	S	C	A	R	O	I	G	J	O
A	U	R	J	L	D	N	T	G	L	T	W	H	W	Z	Y	N	X	N	A	S
N	E	K	F	U	V	E	G	U	Z	C	W	C	F	Q	G	E	P	V	P	S
O	H	Y	E	A	W	Z	X	E	S	P	A	N	H	O	I	S	P	V	E	C
S	B	E	N	D	I	Z	X	S	H	D	I	C	Q	C	Z	E	G	M	M	L
M	J	P	G	P	I	N	D	E	D	O	O	D	Y	D	Y	S	K	P	L	Y
W	K	A	L	E	M	A	E	S	T	J	G	C	W	T	G	G	U	U	N	M
J	W	H	C	E	K	T	J	D	Y	H	C	E	K	T	J	D	Y	H	C	L

9 Observe o gráfico a seguir e responda.

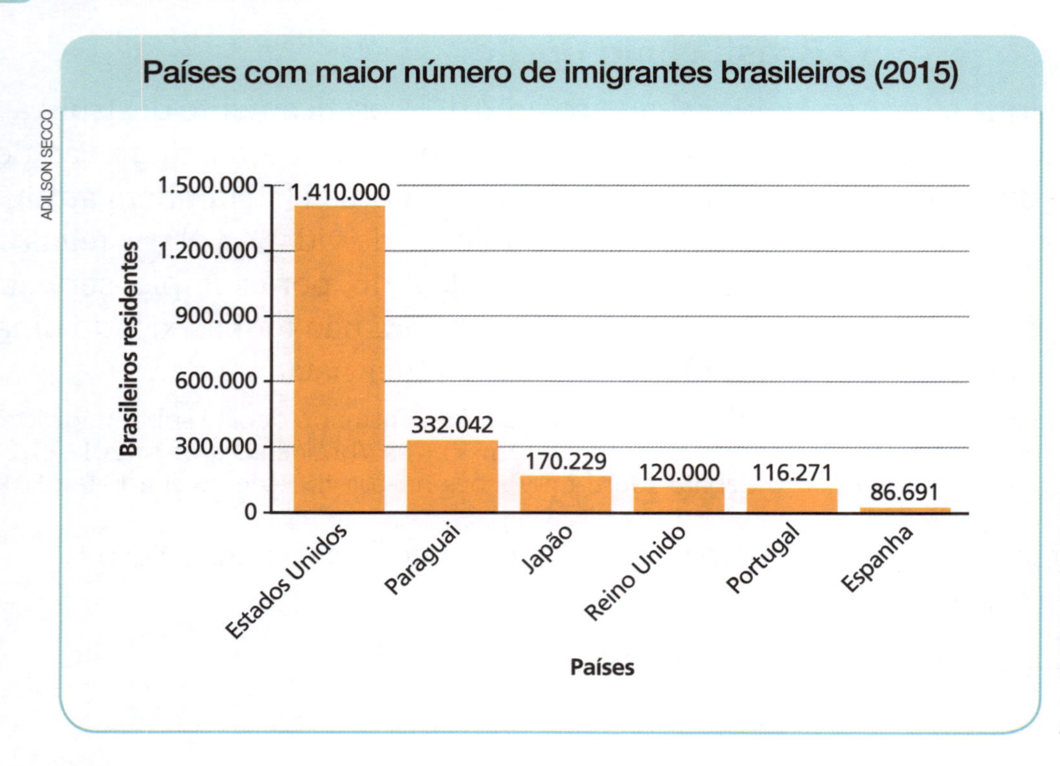

Fonte: Ministério das Relações Exteriores. *Brasileiros no mundo*. Estimativas populacionais das comunidades brasileiras no mundo em 2015. Disponível em: <http://mod.lk/migbras>. Acesso em: 13 fev. 2019.

a) Qual país registrou, em 2015, o maior número de imigrantes brasileiros?

____

____

b) Em geral, o que os imigrantes brasileiros buscam em outros países?

____

____

10 Classifique cada afirmação em verdadeira (**V**) ou falsa (**F**).

☐ A partir da década de 1950 predominaram os fluxos migratórios da população da Região Sudeste em direção à Região Nordeste.

☐ A industrialização dos estados de São Paulo e do Rio de Janeiro atraiu muitos migrantes para a Região Sudeste entre 1950 e 1970.

☐ A seca e a falta de emprego impulsionaram a migração de grande número de moradores do Nordeste para a Região Sudeste entre 1950 e 1970.

☐ A construção de Brasília, na década de 1950, atraiu para o Centro-Oeste muitos migrantes em busca de trabalho e renda.

11 Observe o mapa e complete o quadro sobre os fluxos migratórios internos ocorridos no Brasil entre 1970 e 1990.

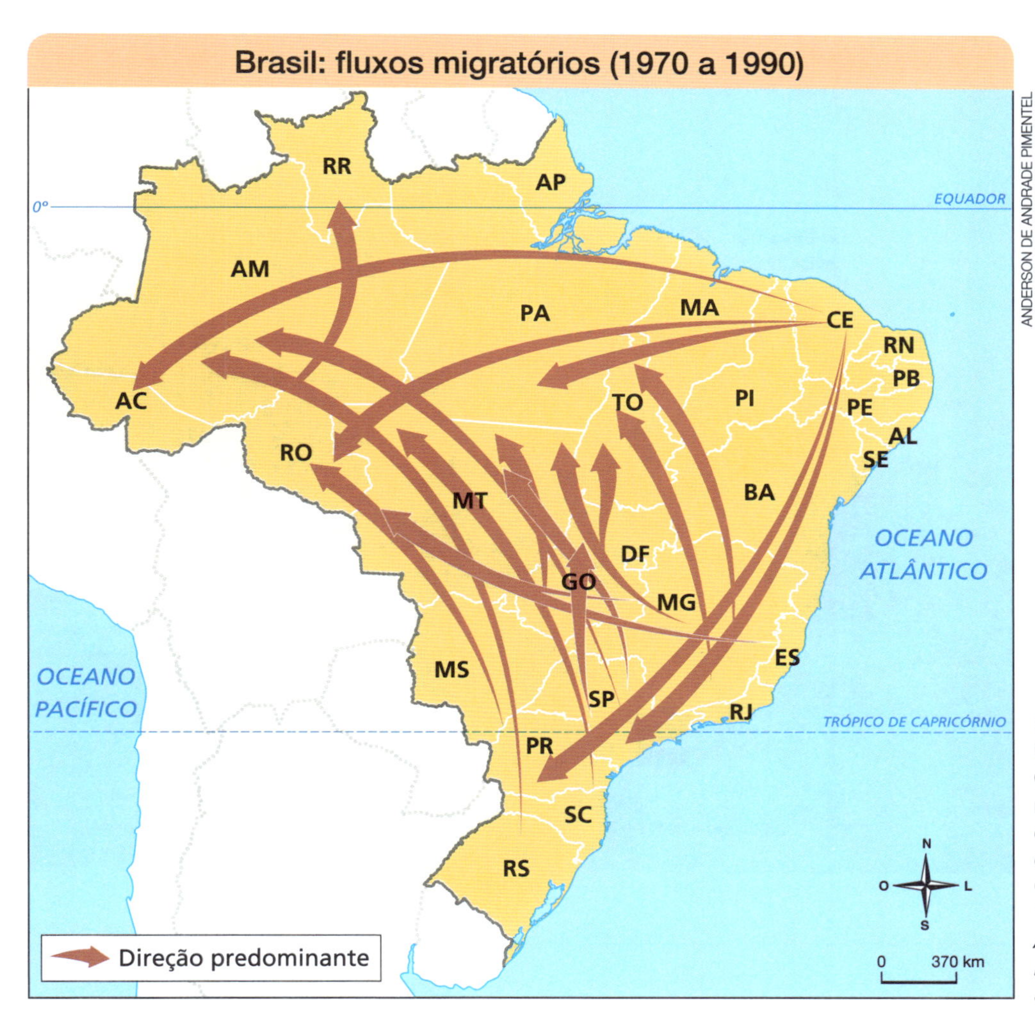

Fontes: Ariovaldo Umbelino de Oliveira. *Amazônia*: monopólio, expropriação e conflitos. 4. ed. Campinas: Papirus, 1993. p. 92; IBGE. *Anuário estatístico do Brasil 1992*. Rio de Janeiro: IBGE, 1992.

Principais regiões de origem	Principais regiões de destino	Fatores que impulsionaram os fluxos

12 De acordo com o que você sabe sobre a desigualdade social no Brasil, escreva uma legenda para a fotografia a seguir, que retrata um bairro na cidade de São Paulo, em 2015.

RIVALDO GOMES/FOLHAPRESS

____

____

13 Pinte os indicadores sociais utilizados para avaliar as condições de vida da população de uma determinada localidade.

Condições de vida: principais indicadores

Renda | Nacionalidade | Taxa de mortalidade infantil | Escolaridade

Esperança de vida ao nascer | Faixa etária | Quantidade de imigrantes

Acesso a serviços de saneamento básico

14 Observe o gráfico e responda às questões.

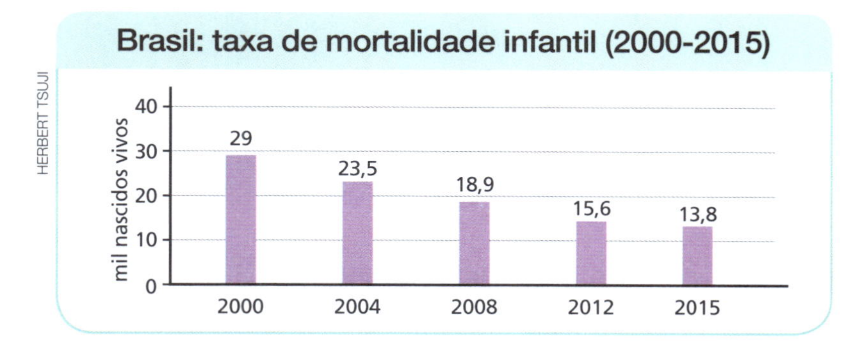

Fonte: IBGE. Taxa de mortalidade infantil. *Brasil em síntese*. Disponível em: <https://brasilemsintese.ibge.gov.br/populacao/taxas-de-mortalidade-infantil.html>. Acesso em: 13 fev. 2019.

a) O que esse gráfico representa?

b) Qual era a taxa de mortalidade infantil no Brasil em 2000? E em 2015?

c) O que os dados do gráfico revelam sobre as taxas de mortalidade infantil no Brasil entre 2000 e 2015?

15 Observe o cartaz e responda às questões.

a) Que instituição elaborou o cartaz? Em que ano?

b) Qual é a mensagem da campanha divulgada no cartaz?

c) Quais são as principais dificuldades enfrentadas pelos afrodescendentes no Brasil?

UNIDADE 2

A urbanização brasileira

Lembretes

As cidades brasileiras

- A cidade é uma construção humana que se caracteriza pela aglomeração de edificações, de pessoas e de atividades econômicas.
- **Cidade espontânea** é o nome dado a uma cidade que se originou do crescimento de um povoado e que se desenvolveu sem um planejamento urbano.
  - → Algumas cidades brasileiras, como Belém (PA), surgiram de vilas formadas pelos portugueses com o objetivo de proteger o território de invasões de estrangeiros.
  - → O interesse pela exploração de pedras e metais preciosos reuniu trabalhadores e deu origem às cidades espontâneas de Ouro Preto e Mariana, em Minas Gerais.
  - → Sorocaba (SP) e Ponta Grossa (PR) são exemplos de cidades que se originaram a partir do crescimento de povoados fundados ao longo do caminho dos tropeiros.
  - → **Tropeiros** eram os mercadores que transportavam animais e produtos para serem vendidos nas áreas de extração de ouro e no interior do Brasil.
- **Cidade planejada** é o nome dado a uma cidade que foi projetada por arquitetos, engenheiros, geógrafos e agentes públicos antes de ser construída.
  - → Goiânia (GO), Belo Horizonte (MG) e Palmas (TO) são exemplos de cidades brasileiras planejadas.
  - → A cidade de Brasília (DF) foi planejada para ser a capital do país, ou seja, para abrigar a sede do governo federal, de onde senadores, deputados federais, funcionários públicos e o presidente da República administram o país.
- As cidades têm uma **função**, ou seja, uma atividade econômica que se destaca em relação a outras.
  - → Paraty (RJ) e Gramado (RS), por exemplo, são cidades com uma importante função turística.
  - → Fortaleza (CE) tem uma função turística, comercial e de prestação de serviços.
- As **paisagens urbanas** podem ser muito diferentes umas das outras. Elas abrigam as transformações produzidas pela sociedade ao longo do tempo.
- **Hierarquia urbana** corresponde ao poder de atração que uma cidade exerce sobre outras.

O processo de urbanização no Brasil

- **População urbana** é o nome dado à população que vive em cidades.
  → Atualmente, a maior parte da população brasileira vive em cidades.
- A **taxa de urbanização** corresponde à proporção de pessoas que vivem em áreas urbanas de determinado lugar em relação à população total.
- A **urbanização brasileira** se intensificou com o processo de industrialização.
- A cafeicultura praticada na Região Sudeste gerou as condições necessárias para iniciar o processo de industrialização brasileira.
- As indústrias se concentram principalmente nas áreas urbanas, onde predominam aspectos importantes para seu funcionamento: **disponibilidade de energia**, **rede de transporte e de comunicação**, **trabalhadores especializados e consumidores** para adquirir os produtos fabricados.

MARCELO JUSTO/FOLHAPRESS

Máquinas agrícolas usadas em colheita de soja, em fazenda localizada no estado de Mato Grosso. Foto de 2012.

- **Êxodo rural** é o nome dado ao processo de migração intensa de pessoas do campo para as cidades.
  → A mecanização das lavouras e o desenvolvimento industrial são duas das causas do êxodo rural no Brasil.
- A intensa mecanização possibilitou um grande aumento da produtividade rural. Em contrapartida, contribuiu para intensificar o desemprego no campo.

As cidades e suas relações

- Dependendo de suas características, uma cidade pode exercer influência sobre outras, sobre o campo e até sobre outras regiões.
- **Rede urbana** é o nome dado ao conjunto de centros urbanos que se articulam entre si por meio de fluxos de pessoas, mercadorias, informações e recursos financeiros.

- **Metrópoles** são cidades de grande porte, com muitos habitantes, serviços diversificados e especializados e uma grande área de influência.
- **Capitais regionais** são cidades que exercem grande influência regional e que apresentam ampla variedade de comércio e de serviços.
- **Centros sub-regionais** são cidades com menor número de habitantes que as capitais regionais, que atraem pessoas do mesmo estado em busca de serviços especializados.
- **Centros de zona** são cidades menores que as sub-regionais e que oferecem atividades de comércio e de serviços básicos.
- **Centros locais** são cidades pequenas que influenciam apenas as áreas rurais do próprio município.

As cidades e seus problemas

- As cidades brasileiras cresceram rapidamente e sem investimentos públicos em infraestrutura urbana que acompanhassem esse ritmo.
  - **Infraestrutura urbana** corresponde ao conjunto de obras, redes e sistemas que permitem o funcionamento das cidades. Exemplos: rede viária; rede de coleta e tratamento de esgoto; rede de iluminação pública; sistema de coleta e tratamento de lixo.
- Muitos serviços públicos não são acessíveis a todos os habitantes da cidade.
  - Em muitas cidades brasileiras, um grave problema é a ocupação de áreas inadequadas à construção de moradias e com infraestrutura precária.
- A dificuldade de deslocamento também é um problema nas grandes cidades brasileiras.
  - Os congestionamentos, a falta de investimentos e o preço elevado das passagens dos meios de transporte públicos são fatores que prejudicam a mobilidade dos habitantes das cidades.
- **Acessibilidade** é dar às pessoas com deficiência ou com mobilidade reduzida as condições necessárias para que tenham acesso aos mesmos locais e serviços que as demais.

Atividades

1 Assinale a alternativa incorreta.

- [ ] As cidades caracterizam-se pela aglomeração de construções, de pessoas e de atividades econômicas.
- [ ] Todas as cidades possuem a mesma paisagem urbana.
- [ ] O desenvolvimento econômico, histórico e social contribui para que cada cidade possua características próprias.
- [ ] As cidades reúnem variadas atividades econômicas.

2 Relacione os tipos de cidades com suas respectivas características.

1 Cidades espontâneas. 2 Cidades planejadas.

- [ ] São projetadas por arquitetos, engenheiros, geógrafos e agentes públicos antes de serem construídas.
- [ ] Surgiram do crescimento de povoados.
- [ ] Desenvolveram-se de maneira desordenada à medida que as pessoas construíam suas casas, lojas, fábricas, ruas, parques etc.
- [ ] Os locais de moradia e as áreas comerciais e de serviços são, geralmente, estabelecidos previamente.
- [ ] No Brasil, a maior parte delas localiza-se ao longo da faixa litorânea e distribui-se de maneira dispersa e isolada.

3 O que as cidades de Ouro Preto e Mariana, em Minas Gerais, e Cuiabá, no Mato Grosso, têm em comum?

____

____

____

____

4 Sorocaba (SP) e Ponta Grossa (PR) são exemplos de cidades que se originaram do crescimento de povoados fundados ao longo do caminho dos tropeiros. Com base nessa afirmação, responda:

a) Quem foram os tropeiros?

____

____

b) Por que eles eram chamados de tropeiros?

____

____

c) Qual foi a relação existente entre o crescimento de alguns povoados brasileiros e os tropeiros?

____

____

5 Complete a cruzadinha elaborada com o nome de cinco cidades brasileiras que foram planejadas antes de serem construídas.

a Capital do estado do Tocantins.

b Capital do estado de Minas Gerais.

c Capital do estado de Goiás.

d Capital do Brasil.

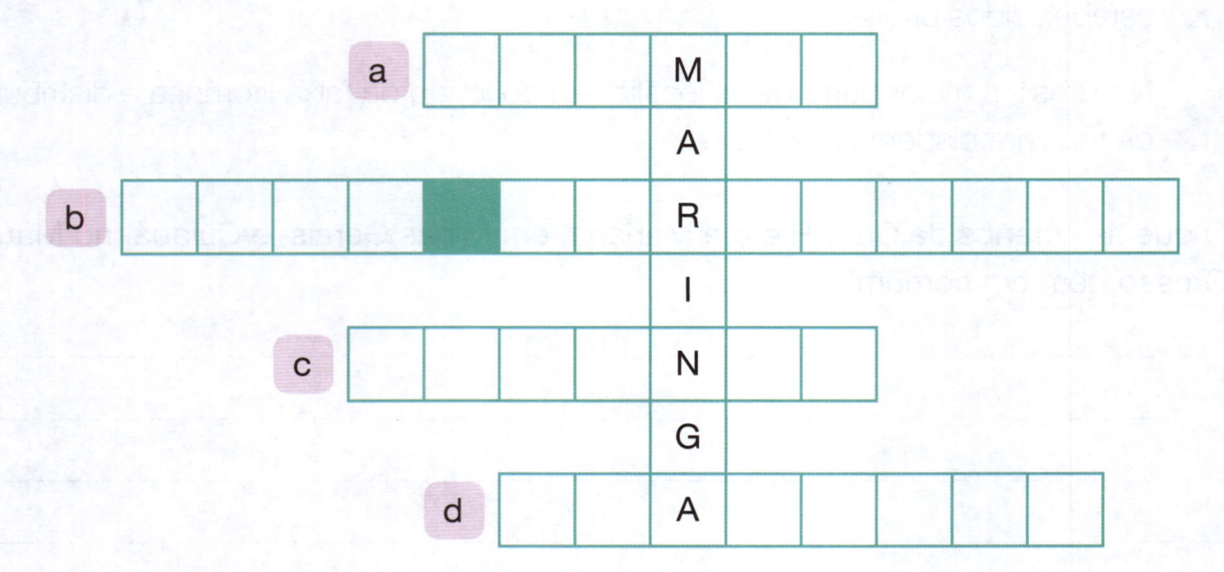

6 Observe a fotografia e responda às questões.

FILMES/SHUTTERSTOCK

Vista do Congresso Nacional em Brasília (DF) e arredores, em 2017.

a) Qual cidade brasileira foi retratada na fotografia?

____

b) A origem dessa cidade é:

☐ espontânea. ☐ planejada.

c) Hoje em dia, qual é a principal função dessa cidade?

____

____

7 Indique a função das seguintes cidades:

a) Paraty (RJ): ___________________________________

b) Fortaleza (CE): ________________________________

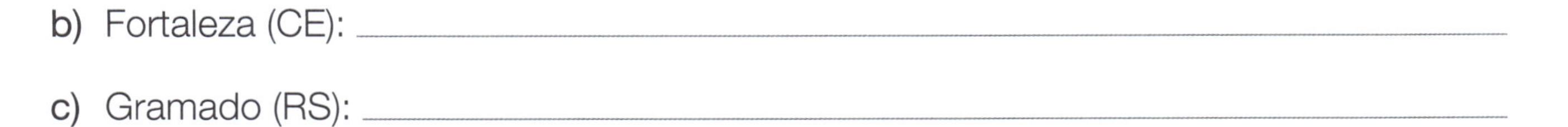

c) Gramado (RS): _________________________________

8 Observe as fotos a seguir.

TIBOR JABLONSKY/IBGE CIDADES

Teatro Amazonas e arredores, no município de Manaus, no estado do Amazonas, na década de 1970.

SYLVAIN CORDIER/BIOSPHOTO/AFP MANAUS

Teatro Amazonas e arredores, no município de Manaus, no estado do Amazonas, em 2014.

- Quais foram as transformações que ocorreram na paisagem do entorno do Teatro Amazonas?

____

____

____

9 **Utilize o espaço a seguir para retratar a sua cidade ou a área urbana mais próxima do local onde você vive. Você pode fazer um desenho ou colar imagens retiradas de revistas ou jornais.**

10 Observe o mapa e assinale a alternativa correta.

Fonte: IBGE. *Censo demográfico 2010*. Disponível em: <https://censo2010.ibge.gov.br/sinopse/index.php?dados=8&uf=00>. Acesso em: 13 fev. 2019.

- [ ] Tocantins e Acre são os estados com maior número de população urbana.
- [ ] Os estados do Rio Grande do Sul e Paraná abrigam um número menor de população urbana.
- [ ] Os estados da Região Norte destacam-se pelo elevado número de população urbana.
- [ ] Pode-se afirmar que os estados de São Paulo, Rio de Janeiro, Minas Gerais e Bahia apresentam elevado número de população urbana.

11 **Assinale os fatores que contribuíram para a urbanização brasileira.**

- [ ] Industrialização.
- [ ] Aumento da oferta de emprego no campo.
- [ ] Êxodo rural.
- [ ] Mecanização do campo.
- [ ] Melhores oportunidades de trabalho nas áreas rurais.

12 Complete as frases com as palavras do quadro a seguir.

comunicações	energia	trabalhadores
consumidores	transportes	

a) É necessário que haja disponibilidade de _______________ para o funcionamento das máquinas e equipamentos industriais.

b) Uma boa rede de _______________ e de _______________ é fundamental para o funcionamento das indústrias.

c) _______________ especializados são um dos elementos mais importantes para o desenvolvimento das indústrias.

d) As indústrias precisam de _______________ para os produtos que fabricam.

13 **Escreva os três principais motivos da importância de se contar com uma boa rede de transporte para a atividade industrial.**

- ____

- ____

- ____

14 Complete as frases a seguir.

a) As indústrias se concentram nas áreas urbanas, porque ____.

b) A concentração das indústrias nas cidades é um fator que atrai muitos trabalhadores rurais que buscam _______________.

15 Com base nos dados apresentados na tabela a seguir, elabore um gráfico de barras verticais.

Região	Taxa de urbanização (2010)
Centro-Oeste	88%
Norte	73%
Nordeste	74%
Sudeste	93%
Sul	84%

Fonte: IBGE. *Séries estatísticas*. Disponível em: <https://seriesestatisticas.ibge.gov.br/SERIES.ASPX?VCODIGO=POP122>. Acesso em: 10 jan. 2019.

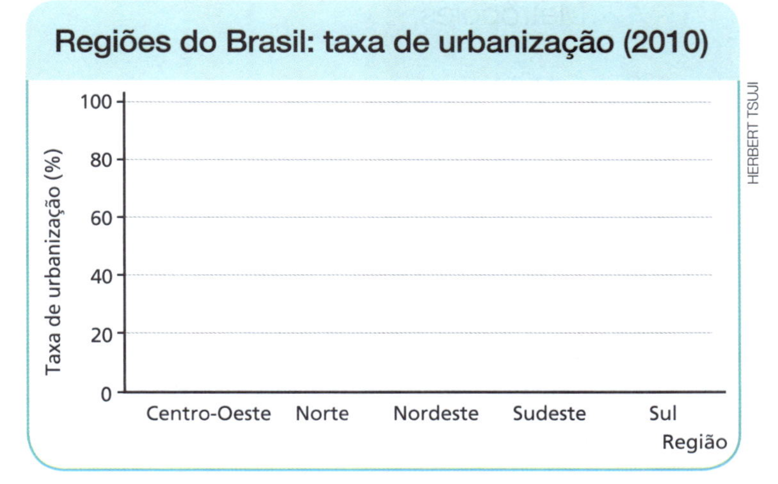

Fonte: IBGE. *Séries estatísticas*. Disponível em: <https://seriesestatisticas.ibge.gov.br/SERIES.ASPX?VCODIGO=POP122>. Acesso em: 10 jan. 2019.

- Agora, responda às questões.

a) Que informação o gráfico representa?

b) Em 2010, qual foi a região brasileira que registrou a menor taxa de urbanização?

c) Qual foi a região brasileira que registrou a maior taxa de urbanização em 2010? Explique por que isso ocorreu.

16 De acordo com a hierarquia urbana criada pelo IBGE, associe cada categoria de cidade às suas respectivas características.

1 Metrópoles.

2 Capitais regionais.

3 Centros sub-regionais.

4 Centros de zona.

5 Centros locais.

( ) São cidades pequenas, que influenciam apenas as áreas rurais do próprio município.

( ) São cidades com menor número de habitantes que as capitais regionais, porém com poder de atração de pessoas do mesmo estado em busca de serviços especializados.

( ) São cidades que exercem grande influência regional e que apresentam ampla variedade de comércio e de serviços.

( ) São cidades menores que os centros sub-regionais e que oferecem atividades de comércio e serviços básicos.

( ) São cidades de grande porte, com muitos habitantes, serviços diversificados e especializados e uma grande área de influência.

17 Observe a foto de uma avenida na cidade do Rio de Janeiro (RJ), em 2015, e faça o que se pede.

CP DC PRESS/SHUTTERSTOCK

a) Crie uma legenda identificando o problema urbano retratado.

____

____

____

b) Como esse problema poderia ser resolvido?

____

____

____

____

UNIDADE 3

Tecnologia e energia conectando pessoas e espaços

Lembretes

A modernização das atividades econômicas

- Na atualidade, a utilização de **máquinas agrícolas**, bem como de fertilizantes e defensivos, passou a ser recorrente nas atividades rurais.
- A **modernização das atividades agrícolas**, caracterizada pelo uso de máquinas e de técnicas de cultivo mais modernas, acarretou grande aumento da produção agrícola e diminuição do número de trabalhadores rurais.
  - → A oferta de emprego nas atividades rurais diminuiu, pois diversas etapas do trabalho passaram a ser feitas pelas máquinas.
  - → O desenvolvimento da tecnologia da informação também permitiu o avanço do setor agrícola, pois, atualmente, os agricultores utilizam recursos como drones e *softwares* para a armazenagem de dados.
- A **modernização da pecuária** ocorre, principalmente, na pecuária intensiva e consiste, por exemplo, na adoção de novas técnicas de criação e reprodução de animais e no desenvolvimento de rações nutritivas, de alimentos complementares e de vacinas.
- O **extrativismo industrial**, como a prática da pesca industrial e do extrativismo mineral, vem se modernizando por meio do uso de técnicas avançadas e equipamentos modernos.
- A **biotecnologia** é a atividade que desenvolve técnicas de uso de material biológico na agricultura e na indústria.
- A **modernização do campo** não ocorre de forma igualitária: os grandes proprietários e as empresas agropecuárias são, em geral, os que podem pagar pelas técnicas e equipamentos modernos.
- O **setor industrial** tem sido muito beneficiado pelo desenvolvimento de novas tecnologias.
  - → Os equipamentos de alta tecnologia têm substituído operários na produção industrial.
- As técnicas e as formas de produção mudaram muito nos últimos cem anos. Antes disso, o **artesanato** era a forma de as famílias produzirem os bens necessários às atividades humanas, vendidos sob encomenda e movimentando um pequeno comércio.
  - → **Artesão** era o nome dado ao trabalhador que produzia suas mercadorias em pequena escala, com ferramentas simples e em oficinas de tamanho reduzido.

- Como a população urbana começou a aumentar consideravelmente há cerca de cem anos, a necessidade por produtos também cresceu. Surgiram então as **manufaturas**.
  - → Nas manufaturas, o processo de produção era dividido em etapas realizadas por artesãos e seus ajudantes.
- No século XVIII, surgiu a **maquinofatura**, que ampliou a divisão do trabalho e passou a utilizar máquinas e equipamentos nas etapas de produção.

Os avanços nas comunicações

- O desenvolvimento tecnológico dos meios de comunicação provocou profundas mudanças nas relações entre as pessoas e nas atividades econômicas.
  - → O **rádio** transmite notícias, músicas e diversos outros programas; é muito utilizado também na comunicação entre pessoas que estão em navios e aviões e pessoas em terra.
  - → A **televisão** possibilita que imagens e sons sejam transmitidos para qualquer lugar do planeta.
  - → O **telefone** foi uma das grandes invenções humanas nas comunicações. Eles podem ser fixos ou móveis e permitem que pessoas possam se comunicar em tempo real, a longas distâncias.
  - → Pelos **aparelhos celulares** é possível enviar e receber mensagens de texto e imagens e acessar a internet.
  - → Com a invenção da **internet**, as pessoas podem se comunicar rapidamente, acompanhar notícias, ouvir música, assistir a programas de televisão e acessar redes sociais.
  - → A internet interferiu no setor de comércio e de serviços, pois possibilitou a compra de produtos a distância.

A evolução tecnológica dos meios de transporte

- No decorrer do tempo, os meios de transporte passaram por transformações, de acordo com as técnicas e os conhecimentos de cada época.
- O desenvolvimento de embarcações e a descoberta de novas técnicas de navegação possibilitaram às pessoas atravessar mares e oceanos.
  - → **Canoas** feitas de troncos de árvores foram as primeiras embarcações a serem utilizadas.
  - → Os **barcos** à **vela** movem-se impulsionados pela força do vento. A evolução desse meio de transporte deu origem às **caravelas**, mais seguras e capazes de navegar longas distâncias.

- Os **barcos a vapor** surgiram há cerca de 200 anos. Em seguida, as embarcações começaram a utilizar motores movidos a óleo diesel, tornando as viagens mais rápidas.
- Atualmente, **navios** e **transatlânticos** são as embarcações mais utilizadas para o transporte de mercadorias e de pessoas pelos oceanos.

ALBERTO BRANDAO LOURO/SHUTTERSTOCK

Transatlântico em Búzios (RJ), em 2013. Todo ano, a cidade recebe milhares de turistas nesse tipo de embarcação.

- O **trem**, inventado há cerca de 200 anos, é um meio de transporte composto de vários vagões engatados entre si e puxados por uma locomotiva.
  - As **locomotivas** eram movidas a vapor, obtido a partir da queima de carvão mineral ou vegetal.
  - Atualmente, o **trem-bala** é utilizado em diversos países do mundo para transportar pessoas e mercadorias com mais rapidez.
- A invenção do **avião** representou um grande avanço no transporte aéreo, pois permitiu que grandes distâncias fossem percorridas em muito menos tempo.
- Atualmente, o **automóvel** é um dos meios de transporte mais utilizados no mundo.

Fontes de energia

- **Energia** é a capacidade de realizar uma ação ou trabalho.
  - Em geral, a energia necessária para um automóvel funcionar vem de um combustível, como a gasolina.
  - A energia que faz as máquinas e os equipamentos domésticos e industriais funcionarem é a eletricidade.
- As fontes de energia mais utilizadas até o século XIX eram a força de pessoas e de animais, a água, o vento e o vapor, obtido da queima de carvão.

- A **energia elétrica** é uma das mais importantes fontes energéticas da atualidade. Ela faz funcionar os aparelhos domésticos e está presente em hospitais, escolas, escritórios, estabelecimentos comerciais, vias públicas etc.
  - A energia elétrica também pode movimentar alguns meios de transporte, como trens, metrôs, ônibus e automóveis.
- A energia produzida nas **usinas hidrelétricas** é a mais utilizada no Brasil. Ela é obtida a partir do movimento das águas, é transformada em energia elétrica e transportada e distribuída aos consumidores por meio de rede de transmissão.
- **Recurso natural não renovável** é o nome dado ao recurso que não se renova naturalmente e que não pode ser reposto ou produzido pelas pessoas. A natureza pode demorar milhares de anos para repor um recurso não renovável.
  - O **carvão mineral** é um recurso natural não renovável extraído geralmente de minas subterrâneas.
  - Atualmente, o carvão mineral é utilizado para produzir energia por meio de termelétricas e de atividades industriais.
  - O **petróleo** é um recurso natural não renovável encontrado em poços subterrâneos.
  - A separação dos componentes do petróleo dá origem aos seus derivados, como a gasolina e o querosene.
  - O petróleo e seus derivados são a principal fonte de energia utilizada no mundo. Além de ser fonte energética, é a matéria-prima na fabricação de produtos, como tintas e plásticos.
  - A produção de petróleo no Brasil ocorre em quantidade suficiente para atender às necessidades de consumo do país.
  - O **gás natural** é um recurso natural não renovável muito utilizado como fonte de energia. Ele pode ser encontrado isoladamente ou com o petróleo.
  - O gás natural é utilizado no setor industrial, como matéria-prima na produção, por exemplo, de plásticos e borrachas sintéticas, e como combustível de veículos.

Atividades

1 **Assinale os instrumentos e as ferramentas utilizados no passado, antes da modernização da atividade agrícola.**

- [ ] Fertilizantes químicos.
- [ ] Pedras afiadas.
- [ ] Defensivos agrícolas.
- [ ] Lascas de ossos de animais.
- [ ] Galhos de árvores.
- [ ] Máquinas.

2 **Indique duas consequências da modernização das atividades agrícolas.**

____

____

____

____

____

____

____

____

3 **Complete as lacunas do texto com os termos do quadro a seguir.**

vacinas	pecuária intensiva	rações nutritivas
máquinas e equipamentos	alimentos complementares	

A modernização da pecuária é notada principalmente na ______________________

______________________.

A adoção de novas técnicas de criação e reprodução dos animais, a utilização de ______________________ e o desenvolvimento de ______________________, de ______________________ e de ______________________ contribuíram para o aumento da produção.

4 Observe as fotos e responda às questões.

GERSON SOBREIRA/TERRASTOCK

Criação de animais com o auxílio de tecnologia da informação.

PIXINOO/SHUTTERSTOCK

Sistema de ordenha mecanizada. Benon, França, em 2017.

a) Que tipo de tecnologia é colocada na orelha dos animais do setor pecuário atualmente? Para que ela serve?

____

____

____

____

b) Para que serve a tecnologia mostrada na foto 2?

____

____

____

5 **Classifique cada afirmação a seguir como verdadeira (V) ou falsa (F).**

- ☐ Indústrias e institutos de pesquisas agropecuárias vêm contribuindo para a modernização das atividades agrícolas e pecuárias.
- ☐ A modernização do campo ocorre de forma igualitária em todas as propriedades agrícolas.
- ☐ A modernização do campo beneficia todos os produtores rurais.
- ☐ Poucos proprietários agrícolas podem pagar por técnicas e equipamentos mais modernos.

6 **Leia o texto a seguir e assinale a alternativa correta.**

Trata-se do setor que desenvolve técnicas para utilizar material biológico na agricultura e na indústria. As técnicas são utilizadas no melhoramento das sementes e mudas para o cultivo e podem ser empregadas na produção de fertilizantes, de agrotóxicos, de alimentos, de bebidas e de medicamentos.

O texto refere-se à:

- [ ] agronomia.
- [ ] biotecnologia.
- [ ] informática.
- [ ] tecnologia da informação.

7 **Compare as fotos a seguir e responda à questão.**

NARAARCHIVES/REX/SHUTTERSTOCK

Linha de montagem de automóveis durante a década de 1920, nos Estados Unidos.

CHINA/REX/SHUTTERSTOCK

Linha de montagem de uma fábrica chinesa de automóveis, em 2017.

- Quais são as principais diferenças entre as linhas de montagem retratadas nas fotos?

____

____

____

____

____

8 Pinte de azul os quadros que apresentam características do rádio e de verde os quadros que apresentam características da televisão.

É muito utilizado pelas pessoas que estão em aviões, helicópteros e navios para se comunicarem com as que estão em terra.	A primeira transmissão no Brasil ocorreu em 1950.
No Brasil, a primeira transmissão foi feita há quase um século.	No início, os programas eram transmitidos ao vivo, pois não havia tecnologia suficiente para a realização de gravações.
As primeiras transmissões, em cores, no Brasil, só ocorreram na década de 1970.	A primeira transmissão foi feita pelo italiano Guglielmo Marconi em 1901.
Os equipamentos mais modernos têm muitas funções e podem ser conectados à internet.	Possibilita que imagem e som sejam transmitidos para qualquer lugar do planeta, praticamente de maneira instantânea.

9 Leia as frases abaixo e descubra o meio de comunicação ao qual elas se referem.

Foi uma das grandes invenções nas comunicações.	Permite a comunicação em tempo real e a curtas e longas distâncias.
Nos aparelhos fixos, a comunicação ocorre com a utilização de fios e cabos conectados a um terminal fixo.	Os aparelhos móveis podem ser utilizados em qualquer local que disponha de sinal.

- O meio de comunicação é: ______________________________.

10 Leia a reportagem a seguir e responda às questões.

Mais de um terço (39%) dos domicílios brasileiros ainda não tem nenhuma forma de acesso à internet. Segundo a pesquisa TIC Domicílios 2017 [...], são cerca de 27 milhões de residências desconectadas, enquanto outras 42,1 milhões acessam a rede via banda larga ou dispositivos móveis. [...]

JOÃO PRUDENTE/ PULSAR IMAGENS

Alunos estudando com auxílio de dispositivos digitais. Sumaré (SP), em 2014.

Daniel Mello. Mais de um terço dos domicílios brasileiros não tem acesso à internet. *Agência Brasil*, 24 jul. 2018. Disponível em: <http://agenciabrasil.ebc.com.br/geral/noticia/2018-07/mais-de-um-terco-dos-domicilios-brasileiros-nao-tem-acesso-internet>. Acesso em: 13 fev. 2019.

a) De acordo com a notícia, qual é a porcentagem de domicílios brasileiros sem acesso à internet?

____

____

b) Qual foi a importância da invenção da internet?

____

____

____

____

c) Cite algumas funções da internet na atualidade.

____

____

____

____

d) Como é possível acessar a internet?

____

____

11 Que diferenças há entre os aparelhos celulares de antigamente e os de hoje?

____

____

____

____

12 Encontre no diagrama dez importantes meios de transporte antigos e atuais.

N	L	F	U	C	I	D	G	P	B	H	C	E	K	T	J	D	Y	I	S	A
A	X	S	I	Y	C	A	R	A	V	E	L	A	J	E	U	J	X	V	P	U
V	A	S	V	X	X	A	X	R	G	H	O	Z	W	I	T	A	B	S	H	T
I	M	M	C	U	Y	A	B	T	K	E	T	T	S	Q	X	P	A	L	U	O
O	V	Z	H	X	A	O	T	R	E	M	#	B	A	L	A	A	L	G	J	M
A	U	R	J	L	D	N	T	G	L	T	W	H	V	Z	Y	N	Ã	N	C	Ó
M	A	R	I	A	#	F	U	M	A	Ç	A	C	I	Q	G	E	O	V	A	V
H	H	H	E	A	W	Z	X	E	S	P	A	N	Ã	O	I	S	P	V	R	E
E	B	C	A	N	O	A	X	B	U	M	D	A	B	A	R	C	O	M	R	L
A	S	V	X	X	A	X	R	G	H	O	Z	D	Y	D	Y	S	K	P	O	Y
W	K	A	L	E	M	A	E	S	T	J	G	C	W	T	G	G	U	U	Ç	M
T	R	A	N	S	A	T	L	Â	N	T	I	C	O	A	J	D	Y	H	A	L

13 Sobre a evolução das embarcações, ordene corretamente as afirmações a seguir.

☐ Atualmente, navios e transatlânticos são os meios mais utilizados para o transporte de carga e de passageiros.

☐ As primeiras embarcações utilizadas para navegar em mares e rios eram canoas muito simples feitas de troncos de árvore.

☐ A evolução dos barcos à vela deu origem às caravelas, mais seguras e capazes de navegar longas distâncias.

☐ Com o tempo, foram inventados os barcos à vela, que se moviam impulsionados pela força do vento.

☐ Depois da invenção dos barcos a vapor, muitas embarcações começaram a utilizar motores movidos a óleo *diesel*, tornando as viagens mais rápidas.

☐ Há cerca de 200 anos surgiram os primeiros barcos a vapor.

14 Complete as frases com as palavras que faltam e resolva a cruzadinha.

a) O petróleo é encontrado em ______________________ subterrâneos, no interior dos continentes e nos mares e oceanos.

b) A ______________________ é um dos principais derivados do petróleo e é muito utilizada como combustível nos automóveis.

c) O ______________________ é o combustível utilizado em ônibus, caminhões, embarcações, tratores, colheitadeiras e outras máquinas agrícolas.

d) O petróleo também é utilizado para a fabricação de tintas e ______________________.

e) A produção brasileira ocorre em quantidade ______________________ para atender às necessidades de consumo do país.

a

b

c

d

e

ANTONIO SCORZA/SHUTTERSTOCK

Plataforma de extração de petróleo na Baía de Guanabara, estado do Rio de Janeiro, em 2018.

Lembretes

Os problemas ambientais onde você vive: o lixo

- A qualidade ambiental de um lugar depende do equilíbrio entre os elementos naturais e as atividades humanas.
  - → Alguns fatores diminuem a qualidade ambiental de um lugar, como a pouca cobertura vegetal, a poluição e a ausência de espaços livres para o lazer e a convivência social.
- O descarte do lixo é um dos problemas mais comuns das cidades brasileiras.
  - → O lixo é um agente poluente do solo, das águas e do ar e causa doenças.
- Nas áreas rurais, a coleta de lixo não é tão frequente quanto na cidade; por isso, é comum que o lixo seja enterrado ou queimado.
- Os lixões, os aterros sanitários e os aterros controlados são os principais locais de descarte do lixo no Brasil.
- Os **lixões** são grandes depósitos de lixo a céu aberto, sem nenhum tipo de tratamento nem controle ambiental, e as pessoas têm livre acesso a ele.
  - → Apesar de serem proibidos por lei, os lixões são o destino final de grande parte do lixo em muitos municípios brasileiros.
  - → O acúmulo de lixo a céu aberto causa mau cheiro e atrai insetos e animais que podem causar doenças.
  - → **Chorume** é o nome dado ao líquido poluente originário da decomposição do lixo orgânico. O chorume deve ser coletado e tratado antes de ser descartado no ambiente, pois, ao se misturar com substâncias tóxicas do lixo, torna-se altamente poluente, contaminando o solo e as águas subterrâneas.
- O **aterro sanitário** é uma maneira adequada de descartar o lixo. Nos aterros sanitários, o lixo é depositado em camadas, compactado e depois coberto de terra.
  - → No aterro sanitário, uma quantidade maior de lixo pode ser depositada em uma mesma área.
  - → No aterro sanitário, a captação e a separação do chorume contribuem para a redução da poluição do solo e das águas.

- Nos aterros sanitários, o local onde o lixo vai ser depositado deve seguir normas técnicas que garantam a proteção do ambiente natural e a qualidade de vida das pessoas.

- O **aterro controlado** não é considerado um destino adequado ao lixo, pois não segue as mesmas normas técnicas e ambientais previstas para o aterro sanitário.
  - No aterro controlado, o lixo é depositado e coberto por terra sem que haja cuidado com o ambiente.
  - No aterro controlado, existem apenas tubos instalados para a saída de gases provenientes da decomposição do lixo.
  - No aterro controlado, o acesso de pessoas é restrito e há pouco controle do tipo de resíduo depositado no local.

- A produção excessiva e o descarte inadequado de lixo são problemas ambientais que afetam a qualidade de vida de todos. Por isso, todas as pessoas são responsáveis pelo destino final do lixo que produzem..

Os problemas ambientais onde você vive: a poluição do ar

- A **poluição do ar** é um dos mais graves problemas ambientais presentes nas grandes cidades.

- A presença de indústrias e o elevado número de veículos automotores em circulação são os principais causadores da poluição do ar nas cidades.

- As substâncias lançadas na atmosfera são consideradas poluentes quando tornam o ar nocivo, prejudicando a saúde das pessoas.
  - Irritação nos olhos, nariz e garganta e problemas respiratórios são algumas das dificuldades que a população enfrenta quando o ar está poluído.

- As indústrias devem investir em tecnologias menos poluentes e no uso de equipamentos capazes de reduzir os níveis de poluição.

- Alguns líquens só se desenvolvem em áreas onde o ar está poluído e, por isso, podem indicar a existência de poluição atmosférica.

- As queimadas liberam substâncias tóxicas e contribuem para a poluição atmosférica.

- A chuva ácida é formada da mistura de substâncias tóxicas lançadas na atmosfera com a água das nuvens.

Queimada em floresta de Cambará do Sul (RS), em 2015.

- A chuva ácida pode afetar o ambiente e as espécies vegetais e animais ao cair sobre plantações, florestas, rios e lagos.
- A chuva ácida pode causar a corrosão de materiais utilizados em diversas construções urbanas, tais como edifícios e estátuas.
- A poluição atmosférica gerada em um local pode ser transportada pelo vento e provocar chuva ácida em outros locais.

Os problemas ambientais onde você vive: a poluição das águas

- A **poluição das águas** de rios e oceanos é cada vez mais comum no Brasil e no mundo, prejudicando a qualidade de vida das pessoas.
- Em muitos municípios brasileiros não existem estações de tratamento, e o esgoto é despejado diretamente nos rios e nos oceanos.
  - O despejo de esgoto sem tratamento é um dos principais causadores da poluição das águas.
  - A poluição das águas prejudica o abastecimento e a saúde das pessoas e de muitas espécies de animais e vegetais.
- O Rio Tâmisa, na cidade de Londres, na Inglaterra, já foi extremamente poluído, antes de passar por um longo processo de despoluição.
  - Atualmente, o Rio Tâmisa é utilizado para práticas esportivas e de lazer.

- Em geral, a atividade industrial contribui para a poluição dos rios e dos oceanos.
  - → Apesar de haver leis que proíbem o descarte inadequado de resíduos no ambiente, em muitas indústrias os resíduos da produção não são tratados corretamente.
- As atividades rurais podem provocar a poluição das águas.
  - → Fertilizantes e agrotóxicos utilizados nos cultivos agrícolas infiltram-se nos solos com a água das chuvas e contaminam as águas subterrâneas.
- **Maré negra** (ou mancha negra) é o nome dado ao derramamento de petróleo nos mares e oceanos.
  - → A maré negra ocorre quando há rompimento de tubulações submarinas ou vazamento de petróleo nas plataformas ou nos navios petroleiros.
  - → Existem algumas técnicas que evitam que o petróleo se espalhe pelos mares e oceanos: a instalação de uma barreira flutuante de isopor ou de plástico, a aplicação de produtos químicos que desintegram o petróleo e o uso de aspiradores que sugam o petróleo depositado na areia das praias.

Participação do governo e da população na melhoria da qualidade de vida

- A qualidade de vida das pessoas depende de um ambiente livre de poluição e de determinadas condições sociais, econômicas e políticas, como, por exemplo, o acesso à moradia digna e a um bom serviço de saúde.
- A melhoria na qualidade de vida não depende apenas de ações individuais, mas também de ações governamentais.
- No Brasil, vários **órgãos do governo**, como a Secretaria Nacional de Saneamento Ambiental, são responsáveis pela gestão da qualidade de vida da população e pela promoção de políticas públicas.
- A população tem o direito de exigir que os órgãos governamentais cumpram sua função e de participar do processo de formulação de políticas públicas.
- A população pode reivindicar a solução de problemas que prejudicam a qualidade de vida no lugar onde vive, por meio da participação, por exemplo, em associações comunitárias de bairro.
  - → Nessas associações, os moradores debatem sobre os problemas e as necessidades do bairro, como instalação de posto de saúde ou de rede de coleta e tratamento de esgoto.

Atividades

1 Que fatores prejudicam a qualidade ambiental de um lugar?

2 Observe o gráfico a seguir e responda às questões.

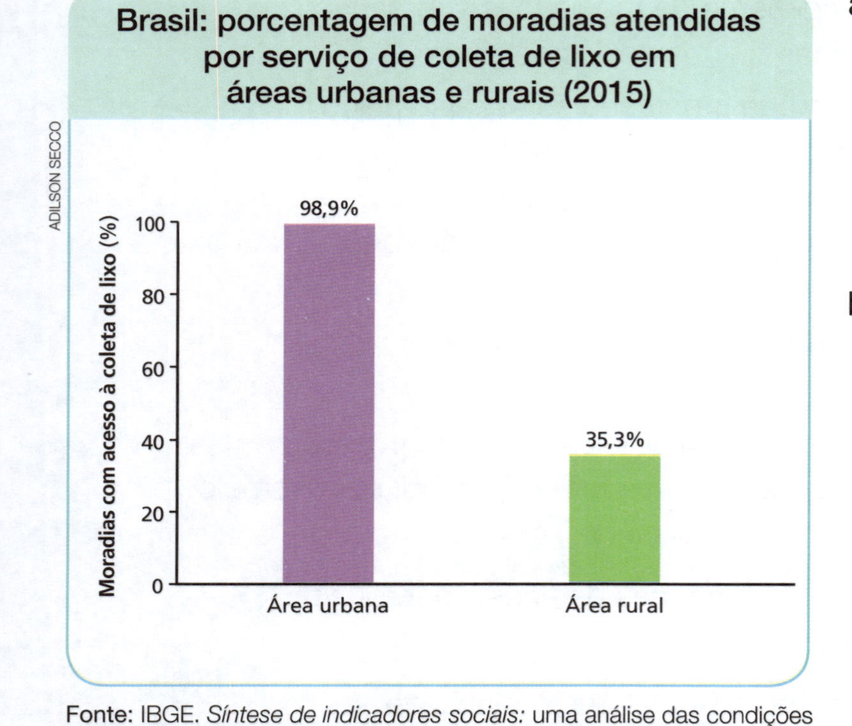

Fonte: IBGE. *Síntese de indicadores sociais:* uma análise das condições de vida da população brasileira: 2016. Rio de Janeiro: IBGE, 2016.

a) O que o gráfico representa?

b) No Brasil, qual era a porcentagem de moradias atendidas por serviço de coleta de lixo em áreas rurais em 2015? E em áreas urbanas?

c) No Brasil, qual é o destino mais comum dado ao lixo nas áreas rurais?

3 Considerando o ambiente e a saúde das pessoas, qual é o destino mais adequado para o lixo?

- [ ] o lixão.
- [ ] o aterro sanitário.
- [ ] o aterro controlado.

4 Leia o trecho da notícia abaixo e responda às questões.

> Cinquenta prefeitos de municípios da Paraíba devem assinar um acordo e se comprometerem a adotar medidas técnicas mais viáveis para acabar com os lixões existentes em suas cidades e a recuperar as áreas degradadas.
>
> Redação OP9. Cinquenta prefeitos da PB devem assinar acordo para fim dos lixões. 4 dez. 2018. Disponível em: <https://www.op9.com.br/pb/noticias/cinquenta-prefeitos-da-pb-devem-assinar-acordo-para-fim-dos-lixoes/>. Acesso em: 13 fev. 2019.

a) O que são os lixões?

___

___

___

b) De acordo com seus conhecimentos, por que você acredita que os prefeitos da Paraíba decidiram acabar com os lixões?

___

___

5 Complete o esquema a seguir.

O chorume é ___

___

↓

Antes de ser descartado, o chorume deve ser ___

___

6 Por que o aterro sanitário é um local mais adequado para o descarte de lixo?

___

___

___

___

7 Leia o trecho da reportagem e, depois, faça o que se pede.

Projeto incentiva crianças a reduzirem a produção de lixo na escola

"Eu nunca trago lixo!", exclama uma menina enquanto mostra, animada, sua lancheira. Os colegas ao seu redor também parecem ter tido o cuidado de preparar um lanche que não gerasse descarte e exibem lancheiras coloridas com potes, garrafas, talheres e até guardanapos reutilizáveis.

Esta cena passou a ser comum [...] depois de uma iniciativa desenvolvida por alunos e professores. A campanha "Lanche Sem Descartáveis" incentiva os estudantes a não apenas tentarem reduzir a quantidade de resíduos em seus lanches, como de fato eliminá-los.

Escola Santi. Projeto incentiva crianças a reduzirem a produção de lixo na escola. *O Estado de São Paulo*, 21 ago. 2018. Disponível em: <https://educacao.estadao.com.br/blogs/blog-dos-colegios-santi/projeto-incentiva-criancas-a-reduzirem-a-producao-de-lixo-na-escola/>. Acesso em: 13 fev. 2019.

a) De acordo com a reportagem, a campanha desenvolvida na escola tinha o objetivo de:

- [ ] reduzir a produção de lixo na escola.
- [ ] impedir que os alunos levassem lanche para a escola.
- [ ] aumentar a quantidade de lixo na escola.
- [ ] promover o uso de potes, garrafas, talheres e guardanapos descartáveis.

b) Qual foi a solução encontrada pelos alunos para reduzir a quantidade de resíduos do lanche?

____

____

____

c) Você se preocupa em diminuir o lixo que produz diariamente? Se sim, o que você faz? Se não, o que poderia passar a fazer?

____

____

8 Complete o quadro sobre a poluição do ar provocada pela atividade industrial.

Poluição do ar provocada pelas indústrias	
Principais consequências para a população	Formas de evitar

9 Observe a foto e responda às questões.

RENATA FERREIRA/HNFOTOS

Rede de esgoto de um bairro no município de Salvador (BA), em 2016.

a) Qual é o problema ambiental retratado na fotografia?

b) Por que esse tipo de problema ambiental é comum em muitos municípios brasileiros?

c) De que forma esse problema ambiental prejudica a qualidade de vida das pessoas e dos demais seres vivos?

10 **Preencha as lacunas e complete a cruzadinha sobre o Rio Tâmisa, na cidade de Londres, na Inglaterra.**

a) Durante muito tempo, o rio foi usado como depósito de ________________ a céu aberto.

b) O rio estava tão poluído que quase todos os ________________ e plantas acabaram morrendo.

c) Depois de um grande processo de ________________, o rio ficou praticamente limpo.

d) Atualmente, os habitantes da cidade utilizam o rio para práticas esportivas e de ________________.

e) É possível encontrar também muitas espécies de ________________ no rio.

Rio Tâmisa, Londres, Reino Unido, em 2018.

J2R/SHUTTERSTOCK

11 Complete os quadros sobre a maré negra.

Maré negra

O que é?	Por que ocorre?

De que forma prejudica o ambiente?	O que pode ser feito para evitar que ela se espalhe?

12 Indique alguns fatores sociais, econômicos e políticos que contribuem para a qualidade de vida das pessoas.

13 Como os órgãos dos governos podem contribuir para a melhoria da qualidade de vida da população?

14 Encontre no diagrama seis importantes canais de participação social no processo de formulação de políticas públicas.

D	L	F	U	C	I	D	G	P	B	H	C	E	K	T	J	D	Y	I	S	F
E	X	S	I	Y	R	E	U	N	I	Õ	E	S	J	E	U	J	X	V	P	S
B	A	S	F	X	X	A	X	R	G	H	O	Z	W	I	T	A	V	S	H	S
A	M	M	S	U	Y	A	B	T	K	E	T	T	S	Q	X	P	C	L	I	M
T	V	Z	S	X	A	O	A	U	D	I	Ê	N	C	I	A	S	H	G	N	Z
E	U	R	M	L	D	N	T	G	L	T	W	W	H	Z	Y	N	J	N	T	F
S	L	D	Z	T	C	O	N	S	E	L	H	O	S	Q	G	V	G	V	E	S
H	H	H	E	A	W	Z	X	G	P	B	H	G	P	B	W	S	I	V	R	C
E	B	E	N	T	I	Z	X	M	L	D	N	T	P	G	I	G	L	M	N	L
W	K	M	L	D	N	T	M	L	T	J	G	C	W	T	G	G	U	U	E	M
C	O	N	F	E	R	Ê	N	C	I	A	S	T	I	A	J	D	Y	H	T	L

15 Observe a foto e faça o que se pede.

FABIO COSTA/OTOARENA

Acúmulo de lixo em favela na zona oeste do Rio de Janeiro (RJ), em 2015.

- Indique algumas ações governamentais que podem ser reivindicadas pelos moradores desse bairro para melhorar a qualidade de vida do lugar onde vivem.